Antoine de Saporta

Une École des arts et métiers

Histoire

ISBN : 978-1721186136

10   9   8   7   6   5   4   3   2   1

Antoine de Saporta

Une École des des arts et métiers

Histoire

Table de Matières

Introduction

On ne peut pas dire que l'enseignement technique en France soit d'origine très ancienne. Cependant les premières tentatives dirigées en vue de perfectionner les connaissances pratiques des futurs ouvriers d'élite ou contremaîtres remontent à l'ancien régime. Les villes de Troyes et de Douai créent, au début du règne de Louis XVI, de véritables écoles des Beaux-Arts où sont enseignés le dessin et l'architecture. Mais chez nos aïeux du XVIIIe siècle, la notion du beau et du joli dominait l'instinct de l'utile, et ce ne fut qu'un peu plus tard, — en 1788, — que le duc de La Rochefoucauld-Liancourt, colonel de cavalerie, fonda à ses frais, sur une de ses terres du Clermontois, une sorte de ferme modèle ou d'école d'agriculture à l'usage des enfants de ses sous-officiers.

Cet établissement, transféré à Compiègne en 1799 sous le nom trop pompeux de « prytanée français, » fut réorganisé par le premier consul, qui indiqua nettement le but que devait poursuivre l'institution. Il s'agissait de former des jeunes gens exercés aux travaux manuels, mais en même temps capables de calculer les éléments mécaniques d'une machine et d'en dessiner exactement toutes les parties, ce qui revenait à dresser tout au moins de bons contremaîtres dont les meilleurs fussent aptes à jouer, au besoin, le rôle d'ingénieur, avec l'espoir pour eux de s'élever jusqu'à ce grade, par leurs efforts ultérieurs. Aujourd'hui encore, au bout de près d'un siècle, l'esprit de l'institution n'a pas varié, et les trois écoles d'Arts et Métiers de Châlons, d'Angers et d'Aix concourent au but qu'a fixé Bonaparte.

Section I

L'école de Compiègne fut, au commencement du premier empire, transférée à Châlons, où elle existe encore. Une institution analogue, fondée d'abord à Beaupréau, alors chef-lieu d'arrondissement de Maine-et-Loire, émigra sur Angers par ordre supérieur, au début de la restauration. Enfin, en 1843, le gouvernement de Louis-Philippe songea à fonder une école d'Arts et Métiers propre à desservir la région du midi. L'influence de M. Thiers décida l'administration à fixer son choix sur Aix [1].

L'ancienne capitale de la Provence était du reste à peu près également éloignée des deux centres déjà existants. Aux avantages d'un climat salubre et doux, elle en joignait d'autres d'un ordre plus positif : vie matérielle à bon marché ; terrain à bâtir d'un prix peu élevé. L'école actuelle se dresse sur l'emplacement d'un ancien hospice de la Charité, dépendant autrefois de la commission administrative des hospices d'Aix ; les mêmes locaux, avant d'être appropriés à leur destination actuelle, avaient servi de caserne, et, sous la restauration, abritaient une partie du personnel du petit séminaire, alors dirigé par les pères de la compagnie de Jésus.

On peut à bon droit s'étonner qu'avec la merveilleuse facilité des communications d'aujourd'hui, on ait songé, au lieu d'agrandir convenablement les trois écoles déjà existantes, dans le cas où elles eussent été insuffisantes, à en fonder une quatrième à Lille (loi du 10 mars 1881), qui ne fonctionne pas encore. Le surcroît de dépenses qu'occasionnera cette création s'explique déjà assez mal si l'on réfléchit à la distance relativement médiocre qui sépare Lille de Châlons, et se comprend encore moins, étant donné que Lille possède déjà deux établissements similaires, l'un privé, l'autre subventionné par la ville elle-même et le département du Nord.

Quoi qu'il en soit, le résumé que nous allons exposer sans prétentions techniques, comme en l'absence de théories sociales ou économiques, pourra s'appliquer sans inconvénient à la seule des trois écoles dont nous puissions parler *de visu* : celle d'Aix. Bien que la plus récente des trois, elle ne diffère en rien de ses deux sœurs de l'est et de l'ouest, au point de vue de son recrutement, de sa hiérarchie, de son enseignement. A Châlons, à Angers, à Aix, même uniforme, même règlement, mêmes études, mêmes travaux, mêmes examens. Bien plus, il est fort probable que, dans l'espèce, le principe légendaire d'Hippolyte Fortoul se trouve réalisé, de sorte qu'en même temps et presque à la même heure, les trois professeurs similaires développent à Aix, Angers, Châlons le même théorème d'hydraulique.

On a découpé la France en trois segments comprenant chacun un certain nombre de départements, groupés autour des trois centres susmentionnés, de façon que chaque candidat se présente pour celle des écoles d'Arts et Métiers à laquelle est rattaché son département d'origine. Ceux qui sont nés dans la Seine, au lieu d'être, comme autrefois, dirigés sur Châlons, sont distribués par le sort entre cette dernière ville et Angers, après leur admission. Il s'ensuit qu'Aix ne reçoit que des provinciaux, peut-être pour le plus grand bénéfice de la discipline ; en revanche, Aix recueille les élus sortis de la Corse et de l'Algérie. Son domaine, dans la France continentale, englobe la Haute-Garonne, le Gers, le Lot-et-Garonne, le Lot, la Corrèze, le Puy-de-Dôme, la Loire, Saône-et-Loire, l'Ain et la Haute-Savoie, ainsi que tous les départements compris entre les précédents et la Méditerranée. Mais les trente-trois circonscriptions du ressort de l'école d'Aix contribuent bien inégalement, comme nous le verrons plus loin, à fournir des candidats pour le recrutement de cette école.

Des examens d'entrée nous n'aurons pas beaucoup à dire. Les interrogateurs ne sont autre chose que les professeurs des écoles elles-mêmes qu'on envoie successivement dans les divers centres d'examen (placés en 1891 à Clermont, Lyon, Chambéry, Aix, Nîmes, Montpellier, Toulouse et Agen). Comme plusieurs d'entre eux dirigent des écoles préparatoires aux Arts et Métiers, on a soin, pour éviter tout abus, de les envoyer en dehors de la zone de recrutement de leurs écoles respectives. Ainsi un candidat, né à Lyon et qui doit se présenter dans cette ville pour être, en cas de succès, dirigé sur Aix, sera interrogé par un professeur titulaire de Châlons ou d'Angers.

Les conditions d'âge sont très sévères : tandis qu'un candidat à l'École polytechnique peut à la rigueur, s'il s'est préparé de bonne heure, subir cinq fois les épreuves d'admission, et un aspirant à Saint-Cyr se présenter quatre fois au concours, un candidat à l'école des Arts et Métiers, devant avoir plus de quinze et moins de dix-sept ans, doit forcément renoncer à la partie après un second échec.

On exige aussi beaucoup des très jeunes gens qui affrontent les épreuves. Il est oiseux de faire remarquer que le programme roule presque uniquement sur les mathématiques, et que le latin en est exclu comme les langues vivantes. En fait de lettres, on se contente de quelques notions d'histoire et de géographie, telles qu'on les enseigne dans les cours primaires supérieurs, d'une écriture et d'une orthographe correctes. Mais, en revanche, autant d'arithmétique et de géométrie que pour le baccalauréat ès-sciences avec une bonne dose d'algèbre (les symboles et le calcul algébrique avec les équations du premier degré) : l'épreuve est rude à subir pour une intelligence de seize ans. Nous avons parcouru le recueil des sujets de composition écrite ; plus d'un élève d'élémentaires n'aurait pas eu trop de toute son application pour les résoudre. Enfin, si la théorie a une large part, la pratique n'est pas oubliée non plus. Parmi les épreuves figurent l'exécution d'une épure de géométrie avec le tracé d'un dessin d'ornement, et en dernier lieu, l'aspirant est tenu d'exécuter de ses mains et sous les yeux de ses examinateurs une pièce en fer ou en bois. Beaucoup de candidats, fiers de leur force en mathématiques, se tirent assez mal de cette épreuve de travail manuel qu'ils méprisent un peu ; mais une fois qu'ils sont reçus à l'école, les choses changent de face pour eux, comme nous le verrons bientôt.

Dans les derniers jours du mois de septembre, l'*Officiel* publie chaque année la liste des cent nouveaux élèves admis à l'école d'Aix. A côté du nom de chacun des heureux concurrents figure l'indication de son département d'origine, qui naturellement n'est pas toujours, à beaucoup près, celui où le jeune garçon a terminé ses études en vue de l'admission. La série périodique de ces tableaux présente un certain intérêt et mérite d'être consultée, car elle met en évidence certaines inégalités de recrutement assez curieuses.

D'abord, il faut s'attendre à voir les régions à grande industrie fournir un nombreux contingent. Saône-et-Loire tient la tête (13 réceptions en 1891, dont 4 dans les 10 premiers de la liste), et de même que le Rhône et la Loire, envoie des élèves intelligents et travailleurs, mieux élevés et plus calmes que leurs camarades du midi. L'apport du Dauphiné et de la Savoie est déjà moindre. Viennent ensuite les départements provençaux ou, pour mieux dire, Marseille et Toulon, qui fournissent quelques futurs industriels, dessinateurs ou mécaniciens de la flotte [2]. L'empressement à s'engager dans les carrières auxquelles prépare l'enseignement des Arts et Métiers est assez faible dans les départements formés aux dépens de l'Auvergne et du Bas-Languedoc. Il en était de même dans le bassin de la Garonne jusqu'à présent, et il est bizarre qu'à la suite du concours de 1891 les Toulousains et les Agenais soient arrivés en nombre considérable, probablement à cause de la crise agricole qui sévit dans leurs régions et détourne les jeunes gens vers l'industrie. Certains départements montagneux et pauvres n'ont jamais cessé de fournir de bons sujets ; les Ardéchois et les Aveyronnais figurent avec honneur sur la liste d'admission ; le major de la promotion d'entrée en 1890 appartenait au Rouergue.

Cent admissions équivalent en somme au rejet des sept huitièmes des postulants. C'est dire qu'il y a beaucoup d'appelés pour peu d'élus, et, à cause des strictes exigences de la limite d'âge, nombreux sont les aspirants qui, après un ou deux échecs, doivent chercher ailleurs leur voie. Et cependant des raisons très sérieuses militent en faveur d'une grande sévérité à l'examen d'entrée, ainsi qu'au rejet impitoyable des médiocrités. Quelques économistes, peut-être tout aussi compétents que leurs adversaires qui pensent ainsi, mais animés à coup sûr d'excellentes intentions, ont souhaité qu'on vînt en aide aux candidats malheureux, et grâce à leur influence, une fiche de consolation, l'externat, vient de leur être offerte. D'après un règlement récent, en sus des cent internes choisis après concours, chaque promotion peut s'augmenter de vingt-cinq externes, recrutés parmi les admissibles qui ont satisfait aux épreuves écrites, mais n'ont pas été au nombre des admis. On s'adresse d'abord, bien entendu, aux premiers ; mais s'ils se refusent à accepter la combinaison qui leur est offerte, dans aucun-cas on ne peut descendre au-delà du candidat classé avec le numéro 200, c'est-à-dire qu'on refuse le bénéfice de l'externat aux admissibles par trop médiocres.

Pour comprendre les réels inconvénients de cette mesure trop bienveillante, il suffit de réfléchir aux sérieux avantages que présente, en revanche, le régime de l'école pour les véritables élèves reçus après concours. Ce sont, en immense majorité, des jeunes gens à peine formés physiquement, presque des enfants, qui ont dû, pour réussir, se livrer à un labeur très rude pour leur âge. Pauvres pour la plupart, travailleurs et doux en général, quelquefois doués d'une tête un peu chaude, ils sont, — il faut bien en convenir, — passablement dépourvus d'éducation à raison de leur modeste origine et de leur jeune âge. Avec de semblables éléments, il faut un règlement intérieur *sui generis*. Les nouveaux promus quittent leurs départements pour mener la vie d'internat la plus stricte sous un régime militaire, dans une petite ville du midi, où la plupart d'entre eux n'ont jamais mis les pieds, et dans laquelle presque aucun n'a de relations, ce qui ne favorise guère les sorties, faute de correspondants sérieux. Pour la même raison, le parloir est bien souvent désert. Rigoureusement privés de journaux et de livres autres que les ouvrages techniques, soigneusement séparés de leurs devanciers des promotions antérieures, sage disposition propre à éviter de sottes ou brutales brimades, ils se trouvent pris dans une sorte d'engrenage et condamnés, bon gré, mal gré, à un travail acharné, à une lutte de tous les instants pour ne pas rester en arrière. Plus de six heures par jour s'écoulent dans les ateliers, qui ne chôment que les dimanches ; près de deux heures sont consacrées au dessin. Quotidiennement, les élèves écoutent, plume en main, une leçon théorique d'une heure et demie. Les études, en tout, durent moins de trois heures. Aussi les élèves tant soit peu diligents travaillent-ils leurs cours durant les récréations, ce qui partout ailleurs offrirait de graves inconvénients ; mais à l'école des Arts et Métiers, les heures obligatoires consacrées au travail manuel dans les ateliers sont si longues que l'esprit des élèves n'est pas surmené par cette habitude, grâce à un règlement essentiellement hygiénique. Nous verrons du reste que le sort de l'interne ou externe, après son admission à l'école, dépend principalement de son adresse et de son zèle à l'atelier.

Forcés de loger en ville et de ne venir à l'école qu'aux heures de dessin, de classe ou d'atelier, les externes perdent beaucoup de temps en allées et venues. Leurs études s'en ressentent. Leur conduite en ville ne saurait être surveillée bien efficacement, et comme, en pratique, rien ne les empêche d'arriver à l'établissement quelques minutes avant la fin des récréations, il en résulte un contact forcé, très préjudiciable aux pensionnaires, auxquels les élèves du dehors peuvent apporter des provisions de bouche ou des journaux. L'institution de l'externat est, sans doute, d'origine trop récente pour être jugée à fond ; mais ses inconvénients se manifestent déjà. Il est clair qu'assez sensibles à Aix et à Châlons, localités du même ordre, ils se découvrent nettement dans la grande ville d'Angers et s'accroîtront plus encore à Lille, lorsque l'institution de cette ville fonctionnera comme les trois anciennes écoles.

Ajoutons que, pour les externes, le port de l'uniforme est facultatif.

Les internes, bien entendu, sont rigoureusement astreints à ne pas le quitter. Le lecteur ne doit pas s'attendre à nous voir décrire leur veste, leur capote, ni la tunique à un rang de boutons qu'ils portent en sortie ou dans les promenades. Le pantalon est noir à bande écarlate et l'ensemble, sinon les détails, rappelle un peu la tenue des troupes du génie. Nous nous rappelons avoir vu autrefois les élèves coiffés d'un shako assez lourd qu'a remplacé depuis longtemps un képi assorti à l'uniforme et portant, suivant les cas, les numéros 1, 2 ou 3.

La durée des cours étant de trois ans, ces chiffres désignent, non, bien entendu, l'ordre de l'année qu'accomplit l'élève, mais le numéro de sa division. La troisième division se compose des écoliers les plus nouveaux, récemment promus ou « conscrits. » La deuxième division est formée par les « pierrots » ou élèves de seconde année ; la première enfin, par les « anciens » qui accomplissent leur troisième et dernier cycle.

Une mesure récente vient de supprimer, dit-on, les gradés de l'École polytechnique ; peut-être quelque jour les abolira-t-on dans les écoles d'Arts et Métiers, mais, pour le moment, chaque division comporte un sergent-major, un fourrier, quatre sergents et autant de caporaux, en tout dix élèves galonnés qui portent, comme dans l'armée, les insignes de leur dignité. Au reste, comme ceux de l'École polytechnique et à la différence de ceux de Saint-Cyr, ils ne jouissent que d'une autorité purement morale, et leurs fonctions se bornent, pendant les promenades et lorsque l'école défile, musique en tête, dans les rues d'Aix, à faire exécuter à leurs sections placées a à distance entière, » les mouvements nécessaires. Si modestes qu'elles soient, ces mêmes fonctions sont purement temporaires et sont attribuées aux dix jeunes gens notés les premiers, soit dans le concours d'entrée, soit dans les classements ultérieurs. Dans l'intérieur même de l'école, des adjudants, anciens sous-officiers, dirigent tous les mouvements qui s'exécutent au son du tambour, d'après les prescriptions de la « théorie. »

Ceci nous amène à indiquer la composition de l'état-major d'une école d'Arts et Métiers. Chacune d'elles est gouvernée par un directeur dont l'autorité est souveraine ; au-dessous de lui, l'ingénieur, en vertu du règlement du 4 avril 1885, est chargé d'assurer dans chaque école le fonctionnement de l'enseignement théorique et pratique, l'observation du programme des cours et l'exécution des travaux. De 1843, date de la fondation de l'établissement d'Aix, jusqu'en 1856, le poste de directeur a été occupé par un seul et même titulaire, ancien ingénieur des constructions navales. Un ex-élève de Châlons, d'abord chef d'atelier, puis ingénieur à l'école d'Aix, lui a succédé et a occupé la première place de 1856 à 1871. Son remplaçant, mort en fonctions quatre ans plus tard, avait passé par la même filière. Puis la direction fut confiée à un commandant du génie, sorti jadis de Châlons et arrivé par les rangs au grade d'officier supérieur. Enfin, le titulaire actuel, ingénieur civil des mines, a professé durant quelques années les sciences physiques à l'école d'Aix, avant d'en prendre le commandement. Notons à titre de renseignement qu'à la tête de l'institution de Châlons est placé un ancien élève monté sur place et que le directeur d'Angers est diplômé de l'École centrale.

Par cette simple énumération, on devine l'existence d'une sorte de tâtonnement inévitable en pareil cas. Est-il avantageux ou non que le directeur, que l'ingénieur qui le seconde, ou les professeurs des cours de sciences, soient choisis parmi les anciens élèves des écoles ? On pourrait invoquer divers arguments topiques en faveur du recrutement intérieur : connaissance des traditions, esprit de corps, émulation mieux entretenue, etc. Ces raisons, il faut bien le dire, peuvent être combattues par d'autres plus sérieuses encore grâce auxquelles l'administration a décidé de n'accorder nulle place qu'au concours, sauf celle de directeur. On a pensé qu'avec des choix moins limités, comprenant au besoin d'anciens élèves des Mines, des Écoles polytechnique et centrale, il serait possible de battre en brèche la routine, en lui opposant l'influence de tendances novatrices. L'esprit des leçons s'en trouve relevé ; tout comme l'impulsion générale donnée aux études aussi bien qu'à la discipline. Quant aux professeurs de dessin, aux chefs ou sous-chefs d'ateliers, quoique choisis, eux aussi, après concours, ils se recrutent en fait presque exclusivement parmi les dessinateurs d'élite ou les travailleurs adroits et intelligents que fournissent les trois institutions. Il va sans dire que nous exposons les deux arguments contraires, sans vouloir, d'aucune façon, prendre parti dans un sens ou l'autre [3]. Le professeur de mécanique, les deux professeurs de mathématiques, sont secondés par les trois professeurs de dessin et technologie, qui, en mécanique et en mathématiques, sont interrogateurs des élèves de l'année à laquelle ils appartiennent, et par des répétiteurs. Le professeur de physique et chimie a aussi un préparateur. Au point de vue de la surveillance, les élèves sont confiés aux « adjudants, » anciens sous-officiers de l'armée active, généralement officiers de l'armée territoriale. Quoique mariés pour la plupart, les adjudants couchent à proximité des dortoirs, et mangent à l'école dans un réfectoire spécial pendant les séances d'ateliers, ils reçoivent, à leurs débuts, 100 francs par mois et finissent par gagner 150 francs.

Section II

Aux Arts et Métiers, l'enseignement théorique a toujours été assez relevé. On n'a jamais visé, sans doute, à former des mathématiciens, et à notre connaissance du moins, aucun ancien pensionnaire ne s'est illustré comme savant, mais de tout temps on a cherché à inculquer aux élèves de l'école des notions solides et étendues. Naturellement, le programme des leçons n'a cessé de s'accroître avec le temps.

Toutefois, jusqu'en 1884, le niveau des cours de mathématiques et mécanique ne surpassait guère celui des classes de mathématiques élémentaires, avec l'addition de nombreux compléments qui fortifiaient beaucoup les connaissances de l'élève et surchargeaient le programme sans en modifier sensiblement l'esprit. On professait notamment la mécanique suivant les idées du général Poncelet, qui permettent de donner, sans calculs trop élevés, des démonstrations lourdes, mais correctes, de la plupart des principes. La qualité n'était nullement sacrifiée et, pour la quantité, on ménageait si peu les détails que le cours autographié de mécanique pour l'année 1883 que nous avons sous les yeux n'a pas moins de *treize cents* pages in-octavo. Il y avait là, il faut bien en convenir, de quoi satisfaire les curiosités les plus insatiables.

En 1885, une révolution profonde s'est opérée dans l'esprit de l'enseignement des Arts et Métiers. On a jugé qu'avec des cours toujours grossis par d'incessantes additions, il convenait d'accorder aux professeurs et aux élèves l'emploi de méthodes de calcul plus rapides et plus perfectionnées. Le programme des leçons comporte désormais des « spéciales, » c'est-à-dire la théorie des dérivées et les premiers principes de la géométrie analytique, ainsi que des notions de calcul infinitésimal. La notation de Leibniz, plus abstraite, mais plus générale que la notation de Lagrange, est seule employée, à l'exclusion de celle-ci, et on applique en mécanique [4] les méthodes d'intégration les plus ordinaires. Il en résulte qu'un bon élève de troisième année des Arts et Métiers possède une éducation mathématique bien plus superficielle, mais à certains égards plus avancée qu'un élève de spéciales d'il y a quinze ans. Au témoignage des professeurs eux-mêmes, les jeunes gens s'assimilent très bien ces bribes de connaissances supérieures qui exigent peut-être moins d'efforts d'esprit que maintes propositions d'élémentaires ; suivant d'autres, cependant, ces notions trop élevées offriraient l'inconvénient d'entraîner l'esprit des élèves bien loin des régions du terre-à-terre et de la pratique. Nous exposons les deux opinions sans trancher le débat.

La première année d'études comporte 5 leçons d'arithmétique, 25 d'algèbre et 30 de géométrie, consacrées à revoir rapidement et à compléter à fond le programme d'entrée. Il y a en plus 7 leçons de cosmographie et arpentage, 37 de géométrie descriptive, 20 de trigonométrie. D'autre part, 38 cours de français et 36 leçons d'histoire et géographie corrigent un peu l'abstraction et la sécheresse d'un pareil ensemble de connaissances.

En seconde année, la géométrie descriptive, si importante au point de vue de ses applications, marche en tête avec 40 leçons ; 15 leçons de notions complémentaires de mathématiques préparent les élèves à recevoir avec fruit l'enseignement de la « cinématique » ou étude des mouvements qui embrasse 35 leçons. On commence à donner en même temps aux élèves des leçons de physique (au nombre de 40) et les premières notions de chimie (8 leçons). Ajoutez à ces divers cours 34 classes de français et 33 d'histoire et géographie et vous avouerez que la seconde année, avec ses 210 leçons, est largement occupée.

Si la troisième année comporte des matières moins variées, son programme n'en est pas moins chargé avec 105 leçons de mécanique, 44 cours de chimie, 29 cours de français et enfin 26 classes consacrées à la comptabilité industrielle.

De temps à autre, les élèves subissent des « colles » ou examens dans lesquels les professeurs ou répétiteurs les interrogent sur les matières de cinq leçons consécutives. Il est de règle que, dans le cours de ces interrogations au tableau, le savoir de l'écolier n'est jamais éprouvé que sur les questions explicitement traitées dans les cours ou sur leurs applications numériques immédiates ; en d'autres termes, jamais on ne leur donne à résoudre de ces problèmes tels qu'on en pose tant aux examens d'entrée de Saint-Cyr et de Polytechnique, surtout à ceux du premier degré [5]. Nous avons assisté à quelques-unes de ces « colles » subies par des élèves des différentes divisions dans les amphithéâtres, pendant les séances d'ateliers. Cinq jeunes gens, dont le tour n'est pas venu ou est déjà passé, pendant que leur camarade pérore au tableau, étudient les feuilles autographiées qui renferment la rédaction officielle du cours ou repassent les notes prises à l'amphithéâtre, notes qui, bien que prises au vol, sont tracées d'une écriture impeccable et accompagnées d'excellents croquis.

Trois élèves de première division défilent successivement : le premier d'entre eux, sergent-major de sa promotion, jeune homme à la figure intelligente, quoiqu'un peu fatiguée, débite à merveille, avec figures à l'appui, l'historique de la machine à vapeur ; le second, également gradé, s'exprime bien, avec le ton un peu saccadé et fiévreux que connaissent tous ceux qui ont subi ou vu subir des examens ; le troisième, de mine tout aussi intelligente, mais plus faible que ses devanciers, ânonne quelque peu, et, pour gagner du temps, dessine lentement des figures fort soignées.

Les élèves de mathématiques spéciales répètent souvent qu'élémentaire, descriptive, ou analytique, la géométrie « est l'art de raisonner juste sur des figures mal faites [6]. » Cette définition est absolument inapplicable en ce qui concerne les Arts et Métiers ; de même que leurs anciens de première division, les pensionnaires de seconde et de troisième division, exercés par l'habitude des croquis à main levée, tracent à la craie des circonférences admirables, des droites d'une rectitude mathématique. Chacun se tire d'affaire, et les réponses, en cinématique ou en géométrie analytique, sont satisfaisantes. Néanmoins, un esprit épilogueur trouverait les démonstrations un peu pâteuses et diffuses, et noyées dans trop de détails intermédiaires. Dans de telles circonstances, un examinateur aux grandes écoles, ou un « colleur » d'établissement préparatoire harcèlerait l'élève et lui prescrirait de marcher plus vivement. Cette tendance provient sans nul doute de la tournure de rédaction des cours, qui sont trop complets et prolixes ; les professeurs pourraient répliquer que leurs cours doivent précisément être composés pour des jeunes gens dont l'esprit, à peine formé, n'a pas été ouvert par de bonnes études littéraires classiques.

On a vu cependant, par les indications que nous avons déjà données, que l'histoire, la géographie et les lettres qui figurent dans le programme d'admission ne sont pas non plus exclues de l'enseignement donné à l'école et servent à compléter et à développer, dans une large mesure, les notions déjà acquises. Aux questions d'histoire posées par le professeur de lettres, nous avons entendu les élèves, de simples « conscrits, » répondre intelligemment, et quelques-uns même mieux s'expliquer que bien des aspirants bacheliers ne l'eussent fait. Depuis quelques années, l'enseignement du français et de l'histoire a dû être un peu réduit, en ce qui concerne le nombre des leçons, au profit d'études mathématiques sans cesse développées. De là, pour le professeur de lettres de l'école, l'obligation de soigner son enseignement plus qu'il n'était autrefois nécessaire.

Les examens dont nous venons de dire quelques mots sont appréciés par l'interrogateur au moyen de l'échelle numérique de 0 à 20, presque partout usitée à l'heure actuelle. Ces notes sont assez élevées, et cela pour deux raisons : en premier lieu, les examinateurs « cotent haut ; » en second lieu, l'élève, interrogé sur des matières qui viennent de lui être tout récemment exposées, trouve toujours à répondre tant bien que mal à la plupart des questions qu'on lui soumet. Ainsi, les notes des gradés les plus intelligents oscillent autour de 17 ou 18 ; celles d'un élève ordinaire s'approchent de 14 ; celles d'un écolier faible ne s'écartent guère de 10 ou 11, à peu de chose près. Ce sont, pour employer l'expression reçue en pareil cas, des « constantes » peu sujettes à varier pour le même individu.

Nos jeunes gens, comme nous l'avons déjà observé, dessinent avec une remarquable perfection, et les notes de dessin ont une grande influence. On tâche de les habituer à opérer vite pour qu'ils ne perdent pas trop de temps à exécuter leurs épures, lavis ou tracés de machines, et, toutefois, à bien faire leur besogne ; les résultats sont appréciés en conséquence. On néglige un peu les épures trop théoriques, et, de bonne heure, on les exerce à des sujets pratiques exécutés sans modèle, sous la direction du professeur : plans topographiques, projets, organes de machine... Les plus adroits exécutent de petits chefs-d'œuvre dont les défauts imperceptibles ne peuvent être discernés que par l'œil exercé d'un professeur ; quant aux plus faibles, dans une classe préparatoire à Polytechnique ou Saint-Cyr, ils seraient considérés comme des dessinateurs plus que passables. Dès la première année d'école, on exerce les jeunes « conscrits » au dessin d'ornement exécuté à main levée, sans table, sur les genoux de l'élève.

Section III

Le travail manuel a, pour les pensionnaires, beaucoup plus d'importance que le dessin ou les sciences, puisqu'il occupe les jeunes gens durant sept heures en tout, les deux séances du matin et de l'après-midi se prolongeant chacune durant plus de trois heures. Sauf le cas de maladie dûment constatée, nul n'est exempt d'ateliers, et les élèves qui feindraient des infirmités plus ou moins imaginaires ou en prolongeraient de réelles outre mesure pour travailler à l'étude leurs cours plus à leur aise, aux dépens des occupations d'atelier, se méprendraient dans leur calcul, puisque le coefficient des notes de travail manuel assure à ces notes une influence tout à fait prépondérante dans les classements. On tient aussi, avec raison, à ce que les élèves ne soient ni dérangés ni distraits pendant l'accomplissement de leur besogne. Il y a quelques années, sur la simple autorisation du directeur, les personnes qui en témoignaient le désir pouvaient se procurer le spectacle, assurément fort curieux, des ateliers d'Aix en pleine activité. Malheureusement, des abus se sont produits et on a dû couper court à cet incessant va-et-vient qui redoublait d'intensité à l'époque où les jeunes filles venaient se présenter à Aix en vue du brevet. A Châlons également, la proximité d'une grande voie ferrée internationale amenait un excès de visiteurs et peut-être aussi de visiteuses. Le règlement actuel, tranchant le mal dans sa racine, exige une permission écrite signée par le ministre du commerce sans laquelle nul, en dehors des personnes attachées à l'établissement ou des inspecteurs, n'a le droit de pénétrer dans les ateliers durant le travail. Du reste, tout étranger non pourvu d'une autorisation analogue est également exclu des cours et des séances d'interrogations.

A l'époque de la fondation de l'établissement d'Aix, les élèves des Arts et Métiers, suivant leurs aptitudes, étaient déjà, comme aujourd'hui, répartis entre les quatre ateliers qui existent encore à Aix, comme à Angers et à Châlons : les tours et modèles, la fonderie, la forge et enfin l'ajustage. Chacun des ateliers fonctionne sous la responsabilité d'un chef assisté de sous-chefs et d'ouvriers.

Entrons dans celui des « tours et modèles, » d'aspect calme et paisible. Il emploie seulement une trentaine d'élèves, également recrutés dans les trois divisions, et ceux dont on a fait choix dès le début, après leur entrée à l'École, restent aux tours et modèles jusqu'à leur sortie définitive. Les pensionnaires des trois divisions travaillent dans une salle commune, mais chacune d'elles occupe une file distincte d'établis. L'enseignement y est à la fois purement manuel et technologique ; il exige une grande habitude du dessin et beaucoup d'intelligence de la part des nouveaux-venus. En somme, il s'agit d'habituer les jeunes gens, non-seulement à tous les travaux que comporte la menuiserie, mais à la confection des modèles en bois figurant des machines [7], modèles qui sont dressés d'après les épures de l'ingénieur, et qui, une fois reproduits par les élèves, sont définitivement exécutés en métal par les fondeurs et les ajusteurs. En première année, les « conscrits » débutent par des a assemblages, » dressent des modèles d'abord simples, puis un peu plus compliqués et travaillent seuls, sous la direction du contremaître, qui leur enseigne les *trois mille huit cent quatre-vingts* termes en usage dans la langue technologique, sans parler des indications relatives à l'outillage et à la conduite des ateliers.

En seconde division, les « pierrots » peuvent déjà exécuter des modèles assez complexes. On les initie à la marche et au rendement des machines-outils destinées à travailler le bois, machines qu'ils ont bien appris à connaître en première année, mais au seul point de vue pratique. On leur fait faire des planches à dessin, des caisses, des malles ; ils prêtent la main à leurs anciens de troisième année, de façon à s'initier, par degrés, à des œuvres plus délicates encore. Ils approfondissent la construction et l'emploi des outils de menuisier, apprennent leurs qualités, leurs défauts, les moyens d'y remédier. Dans cette intention, les sous-chefs sont tenus de faire de fréquentes conférences durant le travail. A défaut de modèles simples à exécuter, nos jeunes charpentiers travaillent à des objets de menuiserie de luxe, mais toujours par application des principes de la géométrie descriptive. Les travaux trop compliqués sont exécutés par deux ou plusieurs élèves sous la surveillance du contremaître. Tous les renseignements que nos jeunes gens peuvent acquérir sont notés, au fur et à mesure, sur les cahiers-carnets, que corrige et annote au besoin le sous-chef. En troisième année, enfin, le chef d'atelier s'efforce de développer l'esprit d'initiative individuelle et oblige les anciens d'abord à diriger, comme chef de chantier, leurs camarades de seconde année, puis à compléter leurs avant-projets par des devis relatifs aux prix des outils et matières premières.

En définitive, comme l'atelier des tours et modèles se recrute parmi l'élite des nouveaux, il forme jusqu'à 50 pour 100 de bons élèves, dont la moitié sont des sujets de choix. Des quatre ateliers, c'est le plus propre à développer l'intelligence d'un jeune homme [8].

La fonderie occupe, comme les tours et modèles, le dixième seulement des élèves de l'école. Ils y travaillent soit isolément, soit deux par deux, soit par petits chantiers de quatre individus. On les emploie tout d'abord à fouler le sable dans les moules, puis à fondre des objets peu compliqués, tels que petits engrenages, volans, presse-papiers, etc. Les progrès de l'instruction exigent, en seconde année, la confection de pièces plus difficiles et plus artistiques. En troisième année enfin, les anciens exécutent toutes les commandes qu'ils peuvent être appelés plus tard à fondre dans le cours de leur carrière industrielle, en opérant sur la fonte, le bronze, le laiton ou le mélange d'étain, de cuivre ou d'antimoine, qu'on appelle « métal blanc. » Des conférences accompagnent les opérations, et nous ne pourrions, sans nous répéter, reparler des carnets de notes relatives aux appareils ou à l'exécution du travail. Les élèves ne sont réunis par groupes que dans le cas où on leur impose des œuvres de longue haleine, et comme nous l'avons dit, ce sont les contremaîtres et non les camarades plus avancés qui dégrossissent les novices.

Trente élèves, ayant tout à apprendre lorsqu'ils y pénètrent pour la première fois, travaillent dans le troisième atelier, celui des forges, organisé sur le plan des deux précédents. La besogne y est rude, mais comme nous fait observer le chef d'atelier, la santé des élèves gagne beaucoup à ce genre d'exercice : les tempéraments chétifs se développent sensiblement et les cas de maladie sont plus rares aux forges que partout ailleurs. On se contente d'exiger, sous peine de punition, des jeunes gens sommairement vêtus, qui s'agitent autour des fourneaux et des enclumes, qu'ils prennent en hiver des précautions minutieuses pour éviter de se refroidir à la sortie du travail ou dans d'autres cas sur lesquels il est inutile d'insister. Sans distinction de force ou d'adresse, tous les jeunes gens d'une même division exécutent les mêmes travaux, généralement des commandes pour l'industrie privée [9], concourant ainsi entre eux. La forge n'opère jamais sur modèle. L'enseignement mutuel, proscrit ou toléré tout au plus dans les autres ateliers, est ici en honneur. Du reste, plus les jeunes gens sont occupés et mieux ils opèrent ; et d'ailleurs, on tient compte aux plus faibles de leur bonne volonté. Au début, on cherche à développer surtout l'adresse manuelle du commençant ; puis on exerce son intelligence et, en dernier lieu, on se confie à son esprit d'initiative. Au bout de la troisième année, l'ex-forgeron est en mesure d'exécuter n'importe quel travail concernant son métier. A l'Exposition de 1889, l'atelier des forges de l'École d'Aix a remporté la victoire sur ses deux concurrents de Châlons et d'Angers ; Châlons a pris sa revanche avec la fonderie, Angers avec les tours et modèles.

Dans le quatrième atelier, celui de l'ajustage, formé par une grande halle vitrée, 200 jeunes gens, vêtus d'un bourgeron de toile bleue et d'un pantalon de même étoffe, s'agitent au milieu du bruit des machines et travaillent les métaux à la lime et au tour. L'atelier d'ajustage, à lui seul, comprend les deux tiers environ du personnel écolier et cela pour une double raison : d'abord la plupart des nouveaux ont été forcément dégrossis grâce à l'épreuve manuelle obligatoire de l'entrée et savent un peu opérer sur les pièces de fer ; ensuite les ajusteurs, comme les forgerons, sont seuls admis dans la marine de l'État, et, en général, trouvent aisément à se placer après leur sortie. L'éducation technique des élèves est faite par les sous-chefs dont chacun surveille 50 ou 60 jeunes gens ; à la suite des premiers débuts, on permet aux novices de se perfectionner par les conseils et les exemples de leurs anciens, sans toutefois encourager une méthode qui offre autant d'inconvénients que d'avantages et peut vite dégénérer en abus. Chacune de ces « sections, » au nombre de cinq, comprend un nombre égal d'élèves des trois promotions groupés par « établis » et forme, en quelque sorte, un atelier complet, possédant en propre ses machines-outils et apte à exécuter n'importe quel travail. En général, chaque groupe concourt à l'exécution de l'ensemble d'une seule et même œuvre. Les « conscrits » manient la lime, le tour, et s'initient au fonctionnement des machines-outils ; passés en seconde division, ils s'occupent à des ouvrages de quincaillerie et approfondissent les détails de construction de ces mêmes machines ; parvenus en première division, ils doivent pouvoir se débrouiller complètement, quelle que soit la commande exigée. Ils opèrent en se guidant sur les dessins de l'ingénieur, comme leurs collègues des tours et modèles et utilisent, pour parvenir à leur but, les pièces que leur fournissent la forge et la fonderie, en « ajustant » ces pièces au degré voulu.

On concevra sans peine que c'est parmi les « ajusteurs, » qui sont à l'École de beaucoup plus les nombreux, que l'on rencontre la plus forte proportion de médiocrités en ce qui concerne le travail manuel ; plus du quart des jeunes gens, soit par manque d'expérience acquise avant leur entrée, soit par un absurde dédain du terre-à-terre, soit par maladresse ou paresse physique, se signalent par un défaut d'aptitude notoire. Comme, dans une réunion aussi nombreuse, il est difficile de tenir compte des bonnes volontés individuelles, et que d'ailleurs on ne saurait sans injustice disproportionner les notes à la plus ou moins bonne exécution du travail, il peut très bien arriver qu'un garçon assez actif et zélé, mais franchement maladroit, voie sa situation compromise par l'insuffisance de ses notes d'atelier. Le coefficient considérable de ces notes leur donne beaucoup d'importance. Inversement tel externe ou étranger serait « séché » au bout de peu de temps, s'il n'était sauvé par son talent d'ajusteur compensant sa faiblesse en mathématiques ou en français. N'oublions pas qu'en troisième division l'atelier réserve quelquefois aux premiers reçus des surprises assez désagréables : en effet, l'examen d'admission dépend presque uniquement des mathématiques et fort peu de l'épreuve manuelle, obligatoire cependant : il s'ensuit qu'on a vu des « majors » d'entrée trop exclusivement théoriciens déchoir jusqu'à perdre une cinquantaine de rangs. A Châlons, un autre genre de travail manuel est quelquefois imposé aux élèves comme accessoire du cours de chimie : on leur fait exécuter quelques manipulations et préparations ; mais, à Aix, cet exercice n'est pas en usage. Aux Arts et Métiers, une fois que la seconde séance d'atelier de la journée est finie, les jeunes gens vont en récréation. Suivons-les : nous observerons que chaque division est parquée dans une cour distincte, et les élèves des différentes promotions ne peuvent, sous aucun prétexte, communiquer entre eux. Voilà une règle excellente en pratique, quoi qu'en puissent dire les amateurs de vieilles traditions ; par son adoption en 1879 on a coupé court aussi bien aux brimades qu'aux tentatives collectives d'indiscipline qui, très fréquentes autrefois, ne se sont plus renouvelées depuis [10].

Au rebours de ce qui se passe dans les collèges, les heures de liberté sont plutôt consacrées au repos, les jeunes gens étant épuisés par le rude labeur de l'atelier. L'étude en récréation est largement autorisée et pratiquée, sauf par un petit noyau de paresseux ou d'insouciants, et cela sans inconvénient aucun. En été, à l'approche des examens de fin d'année, les plus acharnés profitent même de la permission que leur accorde le directeur et se lèvent une heure avant l'instant réglementaire pour aller repasser leur cours à l'étude, sous la surveillance d'un adjudant.

C'est durant la récréation de midi que, deux fois par semaine, les élèves sont exercés aux manœuvres militaires avec de vieux fusils, modèle 1866, qui ne sortent jamais de l'enceinte de l'école. Quand, au même instant du jour, les élèves musiciens étudient isolément ou répètent, ils restent encore groupés par promotions, et les plus âgés ne doivent se réunir aux plus jeunes qu'en cas d'absolue nécessité, pour la bonne exécution des ensembles ou parfois, s'il y lieu, pour dresser des novices trop insuffisants [11].

Plus que tous autres, les élèves des Arts et Métiers, outre qu'ils sont en pleine période de croissance physique, ont besoin de réparer largement des forces épuisées à la fois par le travail manuel et par le labeur intellectuel. Aussi, la nourriture de l'établissement est-elle abondante et de bonne qualité. On a réalisé une économie sensible en pétrissant le pain à l'école même, la veille du jour où il est consommé et distribué à discrétion. Le ministre désigne l'adjudicataire du vin, et le liquide n'est agréé qu'après analyse ; il revient actuellement à 37 centimes le litre, tous frais compris. Chaque élève en reçoit journellement 48 centilitres, soit 16 centilitres par repas. Quant aux hors-d'œuvre du premier déjeuner, à la soupe et aux deux plats du dîner et du souper, des règles inflexibles et traditionnelles, auxquelles l'administration se plie de fort bonne grâce, en fixent la nature. A raison de leur origine relativement humble et de leur appétit juvénile, nos écoliers ont une prédilection marquée pour les aliments plutôt solides et reconstituants que fins et délicats : les haricots notamment et la morue sont en grande faveur auprès d'eux. Les élèves ne s'occupent jamais du contrôle des fournitures, comme cela a lieu dans d'autres grandes écoles du gouvernement ; les adjudants sont chargés de ce soin.

Section IV

A l'expiration de chaque année scolaire, le directeur transmet au ministre un classement par promotions de tous les élèves. Ce classement résulte des examens particuliers dont nous avons déjà longuement parlé, d'un examen général portant sur l'ensemble des matières enseignées durant l'année et dont il va être question, des notes d'atelier et de dessin, et enfin de la note de conduite combinée elle-même d'après les renseignements fournis par les adjudants, les chefs d'atelier et les professeurs [12]. Les dignités de sergent et de caporal récompensent les mieux notés, souvent aux dépens des gradés qui se sont laissé distancer.

A la fin de la première, de la seconde, ou de la troisième année, deux commissions présidées, l'une par le directeur, l'autre par l'ingénieur de l'école, écrivent d'avance sur un certain nombre de billets des séries de questions de force convenablement choisie, relatives à chaque matière étudiée durant l'année. Chaque élève, avant d'être interrogé par la commission, tire au sort un billet qui décide du sujet de l'examen. Comme ces programmes sont très étendus, l'épreuve est redoutable à subir, même pour un sujet travailleur et intelligent. De fait, les notes obtenues à la suite de ce mode d'examen très impartial, mais qui ouvre une large porte à la chance, se meuvent dans des limites très écartées. Faible ou excellente, la cote d'examen de fin d'année est mélangée avec les notes plus constantes des interrogations subies pendant l'année, et sert ainsi, concurremment avec les moyennes d'atelier, de dessin, de conduite, à former la « moyenne générale. » Il est inutile de dire que toutes les matières dont l'on tient compte pour établir le bilan d'un élève n'ont pas une valeur égale, loin de là ; l'atelier a un très fort « coefficient ; » celui de la mécanique et des mathématiques est un peu moindre. Viennent ensuite la physique ou chimie, le dessin, la langue française et, en dernier lieu, la comptabilité, qui est jugée moins importante que la conduite.

Pour permettre à un élève de passer de la troisième ou de la seconde division à la deuxième ou à la première, on exige de lui une « moyenne générale » supérieure à 11, tous calculs faits. Celui qui ne remplit pas cette condition est exclu sans pitié et rendu à sa famille, sans pouvoir être admis à redoubler, pour quelque motif que ce soit, sauf en cas de maladie dûment constatée. Aucune moyenne particulière ne doit, non plus, être inférieure à 6. Toutefois l'élève qui a échoué à raison d'une ou deux moyennes particulières faibles, tout en atteignant, pour l'ensemble, le chiffre 11, est admis à subir après les vacances une sorte d'examen de rappel qui roule sur les matières qu'il ignore ; s'il réussit cette fois, il rentre à l'école avec ses camarades de promotion. Dans la pratique, les exclusions pour insuffisance générale sont très fréquentes ; au contraire, il est rare qu'un élève, passable quant à l'ensemble, se montre nul pour une branche donnée. Si cependant par extraordinaire le fait se produit, le correctif ci-dessus indiqué ne permet pas toujours aux sujets paresseux, inintelligents ou malheureux de se tirer d'affaire. En effet, les examens supplémentaires présentent l'inconvénient d'être subis après les séductions des vacances, vis-à-vis de professeurs disposés à la sévérité. Au contraire, les jeunes gens qui ont été rangés au nombre des dix plus méritants reçoivent les galons pour l'année suivante.

Chaque année enfin, au mois d'août, l'*Officiel* publie le classement de sortie des « anciens. » Ce classement de sortie, qu'il ne faut pas confondre avec le classement de fin de troisième année, résulte pourtant de celui-ci, et en dépend presque entièrement. Toutefois on tient aussi compte dans une certaine mesure des notes de fin d'année obtenues en seconde et même en troisième division, l'influence de ces dernières étant moindre. Il en résulte que l'avantage est réservé à celui qui a travaillé et réussi à la fin de sa période d'études, eût-il même, à ses débuts, eu de la peine à maintenir son niveau, de préférence au sujet d'abord brillant qui s'est négligé ensuite en se reposant trop sur ses premiers succès. Les moyennes définitives étant calculées, ceux qui, à raison de la faiblesse de leurs notes de troisième année, n'obtiennent pas la cote 11 sur l'ensemble, ou pour certaines matières, le chiffre 6, quittent l'école sans brevet ni diplôme. Les autres reçoivent un certificat délivré par le ministre qui gratifie en outre le premier d'une médaille d'or. Nous ajouterons, pour fixer les idées, que la moyenne du « major » de sortie en 1890 atteignait 17.27. On attribue aussi des médailles d'argent à ceux qui dépassent la note 15 et dont aucune moyenne particulière n'est plus basse que 11. La même année, de nombreux concurrents serraient de près le numéro 1, car le dernier des médaillés avec sa moyenne fort raisonnable de 15.33 n'était déjà plus que le seizième. Le chiffre 13 qu'atteignait encore l'élève sorti le soixante-septième a une grande importance. Suivant une disposition de l'article 23 de la loi militaire du 15 juillet 1889, disposition compliquée, mais excellente pour entretenir l'émulation et l'ardeur au travail, les quatre premiers cinquièmes des élèves ayant obtenu à leur sortie la note 13 ne font qu'une année de service sous les drapeaux. Cinquante-quatre jeunes gens ont bénéficié de cette mesure en obtenant ce qu'on appelle « le diplôme supérieur ; » les autres ont suivi le sort de leur classe, y compris les deux derniers, le quatre-vingt-septième et le quatre-vingt-huitième, auxquels le diplôme simple a même été refusé. Pour celui-ci, « séché » à raison de son insuffisance générale (moyenne 10.68), la sentence a été définitive ; le pénultième, plus heureux, est parvenu à reconquérir son brevet, en réparant sa faiblesse par un examen supplémentaire subi après les vacances.

Quant à ceux qui, à une période quelconque de leurs études, ont été éliminés pour motifs de conduite, ils n'ont droit, quelles que soient leur aptitude ou leur intelligence, à aucun diplôme et ne figurent pas même dans les archives de l'école à côté des jeunes gens déclassés pour leur paresse ou leur nullité.

Le lecteur s'apercevra bien vite que les règles assez sévères qui barrent le passage aux sujets médiocres n'ont rien de platonique, en comparant le chiffre des diplômés, 86 ou si l'on veut 87, à celui des promotions d'entrée dont chacune comprend exactement cent candidats, ou même cent un, lorsque les deux admissibles classés après le numéro quatre-vingt-dix-neuf ont même nombre de points, comme au concours de 1890. Souvent même le déchet est encore plus considérable, ainsi qu'il est arrivé pour la promotion libérée en août 1891 ; il serait plus sensible encore si l'on tenait compte de ce fait qu'une division, tout en s'affaiblissant par suite des malades redoublants qu'elle laisse en arrière et qui sont recueillis par la promotion suivante, profite en revanche de l'appoint des retardataires abandonnés par les séries antérieures et qui néanmoins sont classés avec leurs successeurs [13].

Il ne sera pas sans intérêt de comparer la situation que nous venons d'exposer avec celle qui est faite aux élèves insuffisants de Saint-Cyr ou de l'École polytechnique. Dans notre grande école militaire, on exige comme minimum strict des conditions à peu près semblables : 10 de moyenne générale, 7 et 6 pour chaque matière, suivant qu'il s'agit des notes attribuées dans le cours de l'année ou de l'examen final. Celui qui à la fin de la première année ne remplit pas ces conditions en est quitte pour « redoubler » avec ses « recrues. » Si l'insuffisance se manifeste au bout de la seconde ou de la troisième année, on renvoie dans un régiment le « fruit sec, » mais cette éventualité extrême se présente très rarement, et plusieurs années peuvent s'écouler sans qu'arrive pareille disgrâce. A Saint-Cyr, comme aux Arts et Métiers, un examen final trop faible peut être réparé au moyen d'une interrogation supplémentaire. Dans les deux établissements, on tient grand compte de la conduite et, au-delà d'un certain taux, des punitions trop fréquentes entraînent l'exclusion. Ces punitions, d'après le règlement commun aux trois institutions d'Aix, Châlons et Angers, sont la consigne, analogue à la retenue des collèges, la salle de police qui entraîne en outre la privation de vin aux repas, et la prison, qui réduit l'élève coupable au régime du pain et de la soupe. En principe, le directeur doit seul ordonner la prison, et il peut aggraver cette peine, s'il le juge à propos, en obligeant l'écolier à coucher dans le local disciplinaire.

Beaucoup plus douce est la règle suivie à l'École polytechnique.

La conduite n'a aucun coefficient. Quelle que soit son insuffisance, l'élève n'est jamais « séché » à la fin de la première année. On ne lui demande que d'avoir une moyenne générale de sortie égale à 9 au bout de sa seconde année, et, cette condition une fois remplie, son avenir est assuré. Néanmoins, en 1891, trois jeunes gens, à la suite de leur seconde année d'école, ont été incorporés comme troupiers. De plus, qu'il soit « conscrit » ou « ancien, » le polytechnicien est retenu pendant les vacances un certain nombre de jours, si on lui inflige aux examens de fin d'année une ou plusieurs notes inférieures à h. Ce chiffre semble peu élevé ; il se justifierait cependant par l'habitude classique qu'ont les répétiteurs de l'école de parcourir volontiers, dans leurs cotes, toute l'échelle de 0 à 20 en assimilant un examen très médiocre à une interrogation nulle, et d'autre part en ne ménageant pas leurs témoignages de satisfaction lorsque le patient a bien répondu [14].

Section V

Une fois que les épreuves qui couronnent le cycle biennal ont été convenablement subies, l'ex-saint-cyrien ou l'ancien polytechnicien reçoit immédiatement de l'État, comme officier ou élève-ingénieur, un emploi salarié. Il n'est pas besoin de dire que les élèves sortant des Arts et Métiers n'ont, pas plus que les « centraux, » droit à aucune faveur de ce genre. Leur destinée, pour être plus modeste, n'en est pas moins fort convenable, si l'on réfléchit à la grande facilité qu'ils ont à se placer dans l'industrie après avoir conquis leur diplôme.

Déjà, dans le courant du mois de mai qui précède la sortie des anciens, le directeur échange une correspondance fort active avec les divers établissements susceptibles d'utiliser les aptitudes pratiques et théoriques de ceux qui vont quitter l'école pour toujours. Il fait venir les jeunes gens et les questionne sur leurs dispositions, leurs préférences. Ceux qui ne sont pas casés d'avance ne tardent pas à trouver une place, après leur sortie, presque toujours par l'intermédiaire du directeur. Les résultats de ces démarches sont consignés dans un rapport annuel adressé au ministre. Il semble, d'ailleurs, circonstance assez curieuse, que les premiers n'aient pas sur les derniers un avantage énorme, du moins au début. Ainsi, l'élève G..., major de la promotion, sortie en 1889, est retourné au Creusot, sa ville natale, où il a été préparé autrefois en vue de l'école, et a été engagé dans l'usine Schneider comme « monteur » à raison de 5 francs par jour ; le dernier de la même série, d'abord ajusteur aux Forges et Chantiers de Marseille à 3 fr. 50, a pu, bientôt après, gagner 5 francs à Paris en qualité de dessinateur électricien.

Les Arts et Métiers, et surtout les établissements d'Aix ou d'Angers, fournissent presque tous les mécaniciens de la flotte. Ceux qui sont astreints à faire leurs trois ans de service préfèrent souvent accomplir leur temps, non dans un régiment, mais à bord d'un vaisseau de guerre où leurs aptitudes pour la mécanique pratique et le travail manuel trouvent leur emploi et à bord duquel ils mènent une existence très rude, il est vrai, mais, du moins, profitable à leur instruction générale et technique. Ils sont tentés aussi par une nourriture meilleure que celle des troupes de terre et par une solde élevée qui débute par une allocation mensuelle de 100 fr. Plusieurs de ces jeunes gens, une fois leur période de service terminée, embrassent définitivement la carrière de mécanicien de la marine, carrière qui, à l'heure actuelle, offre un bel avenir aux bons sujets et leur fait entrevoir, dans un lointain plus ou moins reculé, une situation assimilée à celle de colonel dans l'armée de terre.

Le reste des promotions se partage entre les compagnies de chemins de fer qui emploient beaucoup d'élèves des Arts et Métiers, soit dans leurs ateliers, soit dans leurs services du matériel ou de la traction, les grandes usines telles que le Creusot, Fives-Lille et Fourchambault. Si nous ne pouvons fournir à cet égard de documents complets et précis, il nous est du moins possible d'indiquer des résultats partiels en nous fondant sur les indications de l'*Annuaire pour 1891 de la Société des anciens élèves des écoles d'Arts et Métiers*, sur lequel sont inscrits non tous les élèves actuellement vivants sortis de Compiègne, Châlons, Aix, Angers, mais une bonne partie d'entre eux et probablement les meilleurs. L'association comptait, à cette date, 3,782 membres, dont 15 pour 100 employés dans les compagnies de chemins de fer. L'art des constructions et la mécanique générale occupent à peu près autant d'associés et, fait curieux, le nombre des patrons balance presque exactement celui des agents subordonnés. Une fraction équivalente d'anciens élèves, s'il faut en croire l'*Annuaire*, se livre à diverses industries. En ce qui concerne les forges, fonderies ou établissements métallurgiques, la proportion n'est que de 6 à 7 pour 100 sur le nombre total, et les écoles fournissent plus de propriétaires ou d'ingénieurs que d'agents en sous-ordre. Or nous savons déjà que les écoles forment relativement peu de fondeurs ou forgerons, mais que la plupart d'entre eux sont des sujets d'élite. Vu l'universalité de l'enseignement qu'on donne aux Arts et Métiers, il ne faut pas être surpris que les ingénieurs civils figurent nombreux dans les listes (8 à 9 pour 100). On peut s'étonner de voir certaines professions et même celles pour lesquelles les connaissances acquises aux Arts et Métiers sont des plus utiles, très faiblement représentées. Ainsi les trois établissements ont fourni jusqu'à présent peu d'architectes, peu d'employés des arsenaux, fonderies ou poudreries de l'État et des ingénieurs électriciens en fort petit nombre.

Bien rares sont les pensionnaires d'Aix, Angers ou Châlons ayant embrassé la carrière militaire, même dans les armes spéciales : le général Dard, de l'artillerie de marine, trois officiers supérieurs, dont deux de l'arme du génie et un de l'infanterie, et dix-sept officiers subalternes ne constituent, somme toute, que d'honorables exceptions. Quelques-uns des anciens diplômés, en très petit nombre, se sont lancés dans des carrières bien différentes de celles en vue desquelles ils avaient autrefois limé, dessiné ou résolu des équations ; en sus de h députés ou sénateurs, on peut citer des noms de banquiers, d'agents d'assurances, de notaires, de pharmaciens et même de dentistes.

La liste par résidence de nos 3,782 sociétaires présente aussi quelque intérêt à être consultée. Bornons-nous d'abord aux départements faisant partie de l'école d'Aix, quoique, à vrai dire, les distinctions d'origine s'effacent bien vite. Les régions les plus mal partagées se trouvent naturellement celles qui sont à la fois pauvres et dépourvues d'industrie ; des élèves que l'école d'Aix emprunte à la Lozère, à la Corse, à l'Ariège, au Cantal, au Lot, à la Haute-Loire, bien peu reviennent au pays pour s'y placer. Il en est de même de départements plus riches comme l'Ain, les Savoies, le Gers, l'Aude, Tarn-et-Garonne, Vaucluse, la Drôme, les Pyrénées-Orientales, mais trop exclusivement agricoles pour qu'un diplômé des Arts et Métiers ait grande chance d'y trouver une occupation bien payée. Eu égard à leur très maigre chiffre de population, les Hautes et Basses-Alpes font encore assez bonne figure et surpassent relativement l'Ardèche et l'Aveyron, circonscriptions qui contribuent cependant au recrutement des pensionnaires beaucoup plus que le bassin de la Durance. Au contraire, les anciens élèves des Arts et Métiers résident surtout dans les Bouches-du-Rhône (87 sociétaires), le Var (83), Saône-et-Loire (59) et surtout dans le Rhône et la Loire (108 et 111 sociétaires). Naturellement, la distribution au sein de chaque département pris à part est très inégale et se concentre dans certaines villes comme Marseille, Toulon et ses alentours, Lyon, Oullins, Givors, le Creusot, Saint-Étienne, Rive-de-Gier, Saint-Chamond, pour des raisons qui se comprennent facilement. En un mot, la puissance industrielle d'une région donnée se mesure au nombre des anciens élèves qui y résident à demeure.

Enfin, un nombre énorme d'élèves des trois écoles, une fois munis de leurs diplômes, va chercher une position à Paris, abandonnant pour toujours la province. Le quart environ des sociétaires, c'est-à-dire plus de 900 d'entre eux, est fixé dans la capitale, sans parler de 150 autres qui habitent les communes suburbaines et de 88 installés dans Seine-et-Oise [15].

Une question s'interpose ici tout naturellement. Après que l'élève des Arts et Métiers a conquis son parchemin, ne peut-il, s'il est poussé par l'ambition, aspirer à de plus hautes destinées ? Il n'est pas impossible que quelque garçon aventureux, obligé, sous l'empire de l'ancienne loi, de servir quatre ans dans un régiment du génie, faute des 1,500 francs du volontariat, n'ait rêvé à l'École polytechnique, en contemplant les galons d'or de ses officiers tout en inventoriant mentalement son propre langage mathématique. Un tel projet n'aurait eu rien de déraisonnable, puisque naguère les soldats pouvaient concourir pour l'École polytechnique jusqu'à l'âge de vingt-cinq ans, en obtenant de leurs chefs l'autorisation de suivre les cours d'un lycée, si, à cette époque encore bien près de nous, le diplôme de bachelier ès-sciences n'eût été absolument exigé des candidats, au défaut du certificat de l'examen de rhétorique. Or, un jeune homme de vingt et un ans, élevé aux Arts et Métiers, peut bien sans peine apprendre la théorie générale des équations ou approfondir les propriétés des coniques, c'est-à-dire s'assimiler les matières mêmes exigées pour le concours de l'École polytechnique, mais il lui est impossible d'aborder l'étude de la philosophie ou du latin pour avoir le droit de se présenter.

En ce qui concerne l'École centrale, les difficultés sont beaucoup moindres. Aucun diplôme n'est exigé des concurrents, et ceux mêmes qui en sont munis ne jouissent d'aucun avantage à l'entrée. Les épreuves écrites ou orales, purement scientifiques, ne comportent, au point de vue littéraire, que le strict minimum d'une orthographe correcte, sans la composition française, ni le thème allemand imposé aux aspirants polytechniciens. Toutefois, au sortir des Arts et Métiers, l'élève qui souhaite d'aborder l'École centrale doit opter entre deux partis qui tous les deux présentent d'assez graves difficultés pratiques.

Il peut à la rigueur, dans le court espace de temps qui sépare le mois d'août du mois d'octobre, s'assimiler, par un labeur acharné, assez « de spéciales » pour affronter le concours de fin des vacances et forcer ainsi les portes de l'École centrale. De cette façon, ses études se poursuivront sans interruption et il aura conquis dans le plus bref délai le diplôme d'ingénieur civil qu'on lui délivrera à sa sortie… s'il réussit, une fois admis, à se maintenir au niveau voulu après cette courte préparation. Ou bien, pour plus de sûreté, notre ex-pensionnaire peut travailler pendant une année sur les bancs d'un lycée ou d'une école préparatoire et se présenter ensuite à l'École centrale, où il ne peut manquer alors d'être reçu, sans difficulté et dans d'excellentes conditions. Mais ce dernier moyen, pour un garçon sans fortune, comme le sont presque tous les jeunes gens des Arts et Métiers [16], présente le très sérieux inconvénient de faire perdre une année au candidat.

Le gouvernement accorde, du reste, des bourses aux élèves médaillés qui veulent tenter l'aventure, de façon qu'un séjour de trois ans à Paris, venant à la suite des trois années des Arts et Métiers, n'impose pas de trop lourds sacrifices aux familles. Quoi qu'il en soit, 3 à 4 pour 100 des jeunes gens sortant des Arts et Métiers renoncent chaque année à se placer immédiatement pour entrer à l'École centrale. Nous n'avons aucune donnée pour savoir si, une fois reçus, ils figurent au nombre des plus brillants sujets. D'une part, leur médiocre éducation littéraire ne doit pas leur faciliter l'assimilation des principes les plus élevés des sciences abstraites ; d'autre part, leur habileté à dessiner vite et bien contribue à leur donner un avantage qui peut balancer, dans une certaine mesure, l'inconvénient que nous venons de signaler.

Mais, somme toute, le jeune diplômé des Arts et Métiers a tout avantage à chercher une place immédiatement après sa sortie, sans poursuivre d'autres parchemins d'utilité pratique contestable. Grâce à la façon intelligente dont ses études ont été dirigées, il possède à la fois des notions théoriques plus que suffisantes dans la plupart des cas, une instruction technologique très développée, l'habitude des épures et des lavis, et surtout il a été sérieusement dressé pour ce qui concerne le travail manuel. Plusieurs voies s'offrent à lui : dans chacune d'elles il peut utiliser soit l'une de ses triples aptitudes, soit même toutes les trois à la fois ; il est recherché à la fois par l'État, par les compagnies subventionnées et par l'industrie privée comme un « bon à tout faire, » à qui rien n'est complètement étranger. Pourquoi alors sacrifierait-il son gain immédiat et assuré et laisserait-il perdre sa précieuse adresse manuelle en vue de l'espoir chimérique d'une position plus relevée dans l'avenir ? Notons bien qu'il en est dans l'industrie comme dans l'armée. De même que, malgré la hiérarchie, maint brillant sous-lieutenant mène une existence beaucoup plus précaire que tel ou tel adjudant sous-officier des armes spéciales, de même un garçon d'origine modeste qui manie à l'occasion la lime ou le marteau ou souille ses mains de charbon, s'il jouit, en revanche, d'une position stable et lucrative, aura tort d'envier l'ingénieur civil de dernier ordre errant d'usine en usine, son certificat d'études en poche et gagnant à peine de quoi suffire à des habitudes moins simples et à des goûts plus raffinés. Hâtons-nous aussi de faire observer que, semblable à un sous-officier bien doué qui peut conquérir l'épaulette, l'ex-élève des Arts et Métiers, après des débuts d'apparence peu relevée, s'élève quelquefois d'échelon en échelon jusqu'à atteindre des situations des plus enviables. Nous avons naguère parlé de la carrière de mécanicien de la marine et mentionné le grade supérieur auquel conduisait ce dur métier une fois honorablement poursuivi [17]. Nous pourrions citer aussi des noms d'industriels plusieurs fois millionnaires.

Certes, nous n'osons pas affirmer que tous les élèves, fraîchement sortis de l'École d'Aix ou de ses deux sœurs, soient des garçons accomplis, surtout au point de vue de l'éducation. Mais au bout de trois années de travaux et d'épreuves, les paresseux, les indisciplinés, les bruyants, ont été peu à peu éliminés, et ce sont les sujets laborieux et paisibles qui constituent la majorité des promotions sortantes. Nos jeunes gens ont, à leur actif, l'énorme avantage d'avoir été habitués à une vie claustrale et très rude ; pour beaucoup de postes qui n'exigent pas des connaissances trop supérieures ou s'écartant trop du programme qu'on leur a enseigné, ils sont préférables, au point de vue de la régularité, pour des travaux quotidiens et fastidieux, aux jeunes centraux plus instruits qu'eux au fond et tout aussi intelligents, mais qui, après trois années de séjour à Paris, ne s'accommodent pas quelquefois d'une occupation absorbante dans une résidence trop isolée. Il est même à noter qu'en dépit d'une lacune des programmes de l'École d'Aix, on peut tirer parti des élèves des Arts et Métiers comme chimistes d'usine. Bien qu'ils n'aient jamais manié de réactifs durant leurs trois années d'étude, leurs connaissances technologiques et l'adresse manuelle qu'ils ont acquise contribuent à en faire bien vite des manipulateurs très suffisants.

De l'exposé sommaire que nous venons de retracer se dégage une conclusion que le lecteur aura sans doute déjà instinctivement déduite. Il doit être persuadé que les écoles d'Arts et Métiers, telles qu'elles ont été constituées et telles qu'elles fonctionnent encore actuellement, sont de très bonnes institutions capables de fournir à l'industrie privée ou aux services publics de véritables sujets d'élite, à la condition de ne pas changer leurs méthodes d'enseignement, abstraction faite, bien entendu, des petits perfectionnements secondaires. Le jour où, dans les établissements d'Aix, d'Angers, de Châlons, le travail manuel ne sera plus l'occupation principale, essentielle ; le jour où le coefficient de la note d'atelier sera diminué, le jour enfin où l'on sacrifiera soit l'ajustage, soit le travail de la forge, à la géométrie analytique et au calcul différentiel : ce jour-là, disons-nous, précédera la décadence irrévocable des Arts et Métiers. Une semblable évolution transformera les excellents chefs ouvriers d'autrefois en demi-savants prétentieux et insuffisants. L'administration des écoles a si bien compris le danger qu'elle a décidé d'attribuer une récompense de 500 francs à chaque élève médaillé qui, dans le délai de deux ans à partir de sa sortie, justifie d'une année de travail manuel dans un établissement industriel (art. 3 du règlement du 4 avril 1885 relatif aux écoles d'Arts et Métiers). L'existence même de cette décision indique de la part des anciens pensionnaires une tendance fâcheuse motivée par des préjugés contre lesquels on a voulu réagir. Quant à renseignement abstrait ou scientifique, on ne saurait penser à le réduire ni à l'amoindrir ; mais, pour être suivi avec fruit, il exige des intelligences sélectionnées, et, à ce point de vue, la création d'une quatrième école est à regretter. En accroissant le nombre des places à donner, on sera forcé, ou de se montrer moins sévère et de faire baisser le niveau des études, ou d'augmenter encore le nombre déjà considérable des fruits secs, si on veut le maintenir par voie d'épuration.

Jamais on n'a tant insisté qu'à notre époque sur la nécessité de limiter le nombre des foyers d'enseignement pour accroître leur éclat individuel, et, pourtant, bien loin d'en supprimer, on ne cesse d'en fonder de nouveaux. Nous laissons au lecteur le soin d'apprécier cette bizarre inconséquence et d'en expliquer la véritable cause.

Notes

1.   Il semble que les écoles d'arts et métiers soient vouées à des villes destinées à être supplantées au profit de voisines plus puissantes. On connaît le sort de Beaupréau dépouillé par Cholet. Actuellement, Châlons est obligé de lutter avec énergie contre Reims qui convoite la préfecture de la Marne. Aix a perdu son rang de chef-lieu à l'époque du Consulat : espérons du moins que la coïncidence que nous venons de signaler se bornera à cette dégradation rétroactive sans se poursuivre plus loin.

2.   La population d'Aix, en particulier, n'alimente pas beaucoup leis Arts, comme on dit dans le peuple. Une vieille tradition instinctive, très excusable dans une cité parlementaire qui n'a jamais eu beaucoup d'industrie, détourne les jeunes gens intelligents des classes moyenne et inférieure des carrières où le travail manuel s'impose-et les pousse à rechercher les situations de notaires, huissiers, avoués, avocats, etc. Néanmoins, il existe

dans la ville bon nombre d'écoles préparatoires fréquentées par des aspirants venus de divers points de la circonscription et qui fournissent une fraction notable des élèves de l'école.

3.   N'oublions pas l'inspecteur-général nommé par le ministre et qui, dans sa tournée annuelle, contrôle tous les services et s'assure du travail et de la bonne conduite des élèves.

4.   L'enseignement rationnel de la mécanique présente de graves difficultés. En particulier, les auteurs les plus célèbres n'ont jamais pu s'accorder pour décider s'il valait mieux faire commencer l'étude de cette science par la « statique » qui s'occupe des forces, abstraction faite des mouvements qu'elles déterminent, ou par la « cinématique » qui analyse les déplacements en laissant de côté les forces qui les provoquent. Naguère on procédait aux Arts et Métiers suivant le premier ordre d'idées, et les élèves de première année débutaient par la statique. Aujourd'hui les « pierrots » de seconde année abordent seuls la cinématique professée par un maître spécial avec force développements ; et la statique est jointe au cours de a dynamique et machines, » enseigné en troisième année et qui est de beaucoup la branche la plus importante, la plus difficile et la plus longue de la mécanique.

5.   Une fois reçus, les polytechniciens ne sont plus interrogés à l'École que sur les seuls principes du cours.

6.   Nous pourrions citer un excellent ingénieur des ponts et chaussées, entré dans un bon rang à l'École polytechnique, il y a vingt-cinq ans environ, qui, lors de son examen d'admission, eut beaucoup de peine, non à résoudre la question de géométrie qui lui était posée, dont il se tira à merveille, mais à parvenir à en tracer, même grossièrement, la figure.

7.   Les modèles se font aussi en métal, en plâtre, en cire, mais plus rarement.

8.   Un magasin de modèles placé au-dessus de l'atelier permet aux élèves de se familiariser d'avance avec ce qu'ils peuvent être appelés à exécuter sans jamais être pris au dépourvu.

9.   Remarquons à ce propos que, le but de l'École n'étant nullement de faire concurrence à l'industrie privée, les Arts et Métiers ne reçoivent, somme toute, que peu de commandes, provenant soit des rires industriels locaux, soit de quelques anciens

élèves qui veulent obtenir des pièces difficiles de confection irréprochable. Conformément à l'esprit qui précède à l'institution, l'école doit viser, avant tout, à perfectionner son outillage, qui a été nécessairement fort médiocre pendant les années qui ont suivi la création et aussi à alimenter ses propres collections, de manière à se tenir au courant des progrès de la mécanique appliquée.

10.   La séparation à laquelle on fait allusion est obligatoire durant les promenades, et, arrivés au but d'excursion, les jeunes gens prennent leurs ébats sur trois emplacements tout à fait distincts.

11.   Pendant la récréation du milieu du jour, les pensionnaires ont, en cas de visite, accès au parloir ; ce dernier, fort petit, est presque toujours vide, la plupart des familles étant dispersées bien loin de la ville d'Aix.

12.   Jamais les adjudants n'assistent aux cours ; on juge que le professeur doit avoir assez d'autorité morale pour maintenir la discipline à lui tout seul. La nécessité impérieuse où se trouvent les élèves de griffonner beaucoup de notes en courant et de tracer des croquis embrouillés ne favorise guère, du reste, la dissipation en classe. Aussi la note de conduite dépend-elle surtout de la sagesse soit à l'étude, soit dans les cours de récréation, où les occasions d'être bavard, bruyant, indiscipliné, ne manquent pas.

13.   Les élèves médiocres profitent volontiers de la règle du redoublement en cas de maladie qui les sauve d'un renvoi. Au mois de janvier 1892, la troisième division de l'école d'Aix comptait 111 internes, soit un excédent d'une dizaine de sujets, épaves de la promotion admise en 1890, dont le séjour à l'infirmerie avait atteint ou dépassé les quarante jours exigés. Ajoutons que les conditions sanitaires de l'institution d'Aix sont, en général, très satisfaisantes.

14.   D'ordinaire, un polytechnicien classé à sa sortie aux approches du numéro 100, c'est-à-dire vers la limite de la première moitié, obtient encore 14 1/2 de moyenne, tout en étant bien loin de pouvoir prétendre aux services civils.

15.   En dehors des marins, il semble que les jeunes hommes, sortis des Arts et Métiers, ne quittent guère leur mère patrie, probablement par suite de leur ignorance des langues étrangères non enseignées à l'école. Il n'y a pas en tout 100 sociétaires fixés

dans les colonies françaises, et encore plus de la moitié de ce nombre doit-il être imputé à l'Algérie et à la Tunisie. On trouve naturellement, en Alsace-Lorraine, plusieurs ex-pensionnaires de Châlons ; mais un seul habite l'Allemagne et un autre l'Empire austro-hongrois. Au contraire, l'Annuaire assigne presque tout le contingent exotique à l'Espagne, l'Egypte, la Belgique et la république Argentine.

16. Quoique le prix de la pension (600 francs par an) ne soit pas très élevé, les quatre cinquièmes des élèves de l'institution d'Aix jouissent, à titre de faveur annuelle et révocable, de bourses entières ou fractions de bourse.

17. L'année dernière, on a vu figurer à la table d'honneur d'un des banquets donnés à Cronstadt un ancien élève des Arts et Métiers d'Aix, originaire d'un petit bourg du département du Var et qui, embarqué jadis comme simple mécanicien de la flotte, est parvenu dans la marine française à une situation le mettant de pair avec les hauts dignitaires de l'escadre.

ISBN : 978-1721186136

www.ingramcontent.com/pod-product-compliance
Lightning Source LLC
Chambersburg PA
CBHW070929220526
45468CB00005B/1711